バイコヌール宇宙基地の廃墟

This hangar, also known as the Assembly and Fueling Complex.
The hangar was built in the early 80s for the Energia-Buran program.
Intended for:
To complete the assembly of the space shuttle Buran after transport from the Tushino Machine Building Plant.
Performing flight preparation and pre-flight checks.
Setting Buran on Energy space rocked.
Fueling and preparing Buran to space fly.

組み立て及び燃料充填施設（Assembly and Fueling Complex）として知られる格納庫で、
80年代初頭にエネルギア・ブラン計画のために建てられた。
ツシノ製造工場（Tushino Machine Building Plant）から運ばれてきたブランとエネルギアを結合させ、
飛行へ向けた準備とチェックを行った後、燃料充填を実施する

View of the surrounding countryside.
In the background is visible abandoned now launch pad from which flew Buran.

格納庫から、ブランの発射された発射台を望む。
運搬装置の移動するレールが、発射台に向けて2本平行に走っている

The dynamic test bench.
Designed for test work on Energy, Energy-M,
Volcano and other launch vehicles.
Enables vibration tests, endurance tests and fitting work
on real space rockets and a full-size mock-ups.

エネルギア、エネルギアM、ブルカンなどの打ち上げロケット用巨大テストベンチ。
振動試験や耐久試験、打ち上げロケット実機とシャトルテスト機との結合作業などが可能であった

ИЗДЕЛИЕ ОК-МТ

Buran OK-MT

The hangar is 132 meter long and 62 meter high with giant doors on either end, that slid open to release the space shuttle mounted on launch vehicle. The bearing structures made of special steel and must withstand the pressure of the shock wave arising in the event of a possible explosion of a heavy class space rocket vehicle to the nearest launch pad.

この格納庫は長幅132メートル、高さ62メートルで、前後の巨大扉からシャトルを出し入れする。支持構造は特殊鋼で作られており、仮に近接の発射台で巨大ロケットの爆発事故が発生した場合でも、その衝撃波に耐えられる強度を有している

Time and people did not spare the ships and their current state is very pitiable. Part of the thermal protection tiles fell off, cabin windows broken, wing and fuselage covers a dirt and bird droppings accumulated on more than twenty years.

人の手が入らず、時の流れの中で朽ちていく姿は哀れである。20年以上の月日の中で、耐熱タイルの一部は剥離し、コックピットの窓は壊れ、機体にはホコリと鳥のフンが蓄積してしまった

OK-MT has no orbital maneuvering engines.

OK-MTの軌道制御用エンジンは未装着の状態で、該当箇所にはフィルムカバーが貼られたままである

Currently, within hangar are two space shuttles, one of which is the second flying prototype "Storm" and other technological mock-up called OK-MT for testing pre-launch operations.

格納庫内には現在、2機のシャトルがあり、1機はブランの2号機（ソ連での通称は嵐を意味する「ブーリャ」）、もう1機は技術試験機「OK-MT」（写真手前）である

Both space shuttles are installed on technology supports and their chassis fixed in the retracted position. This position is normal for installation space shuttle on the launch vehicle.

2機のシャトルはジャッキの引っ込んだ位置で固定されている。この位置はシャトルを打ち上げロケットに結合する作業時のものである

Inside the hangar, mounted three gantry cranes with a lifting capacity of 400 tons each.

The cranes have a special suspension system for lifting the assembled space shuttle (red color part)

格納庫内部には最大積載量400トンのガントリークレーンが3基設置されている。クレーンにはシャトルを吊り上げるための特殊なサスペンションが装着されている（赤い部分）

Inside cockpit of the mock-up is almost all the same as in real ship. However some elements are replaced by wooden blocks with the name and weight of the unit.

試験機のコックピットは、実機のものとほとんど同じである。しかし、いくつかの機器は、同じ重量の木片で代替されていた

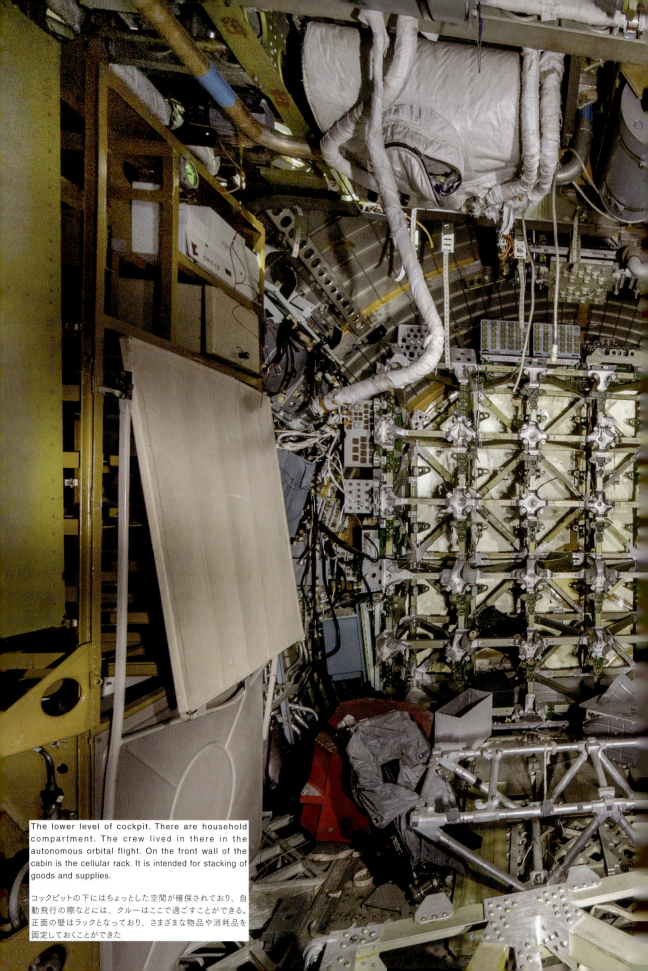

The lower level of cockpit. There are household compartment. The crew lived in there in the autonomous orbital flight. On the front wall of the cabin is the cellular rack. It is intended for stacking of goods and supplies.

コックピットの下にはちょっとした空間が確保されており、自動飛行の際などには、クルーはここで過ごすことができる。正面の壁はラックとなっており、さまざまな物品や消耗品を固定しておくことができた

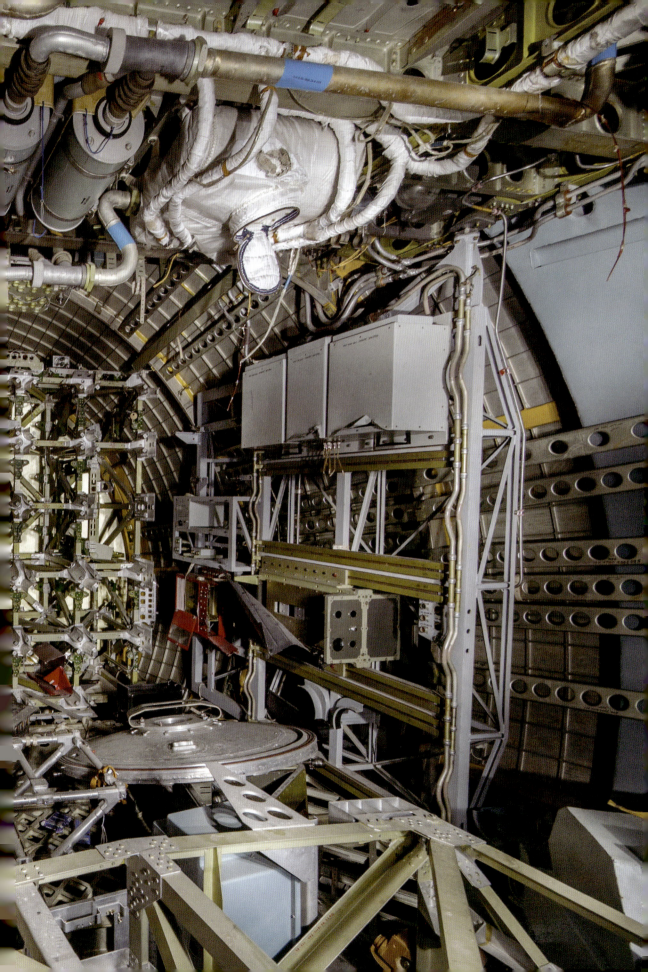

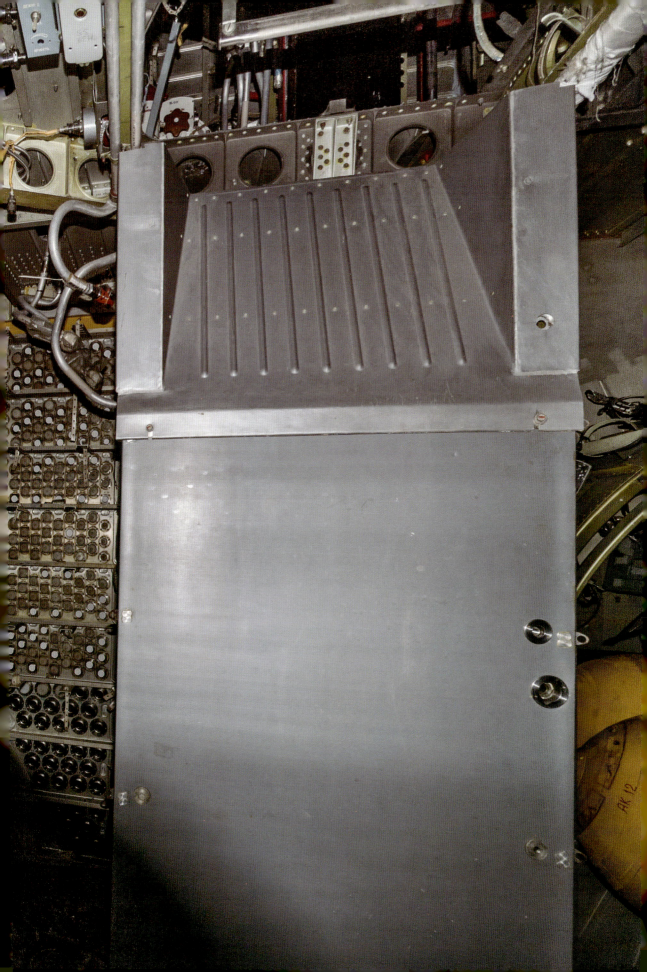

For the planned flight to the Mir space orbital station, the ship was set airlock with the docking system. View it from the cargo compartment. Four red box on the floor is the electrochemical power generators. Next on the sides of the two ball-cylinder with chemical components for electrochemical power generators.

予定されていた宇宙ステーション「ミール」への飛行のために、エアロック付きドッキングシステムが装着されていた。写真は貨物室から写したもの。底部の4つの赤い箱は発電装置。発電装置で使用する化学物質が両サイドの2つの球形タンクに蓄蔵されていた

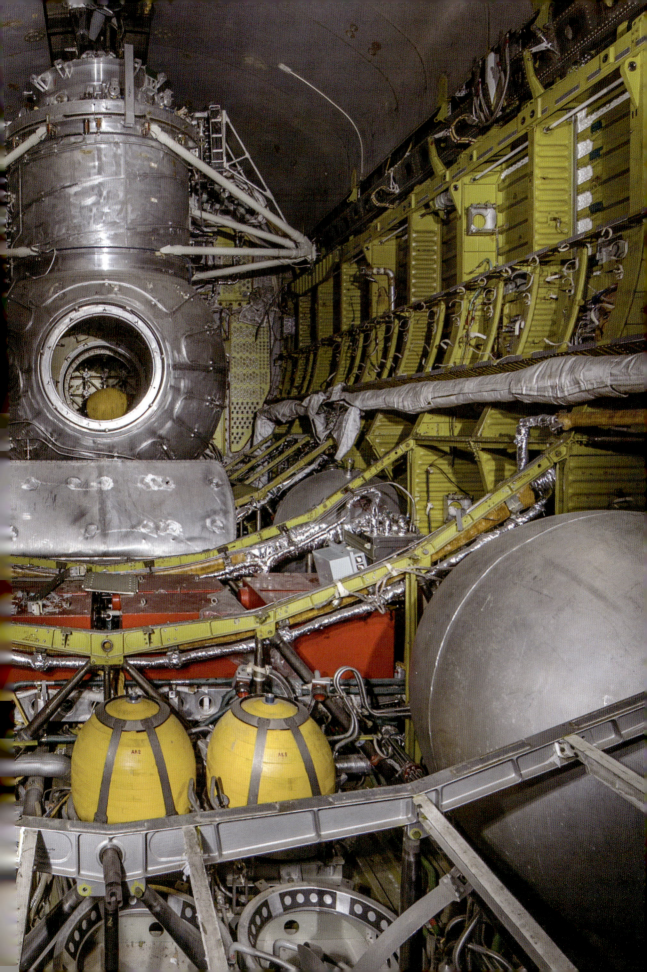

Inside the wing
翼の内部

Orbit correction engines, auxiliary power and supplies of fuel.
軌道修正エンジンの補助動力と燃料

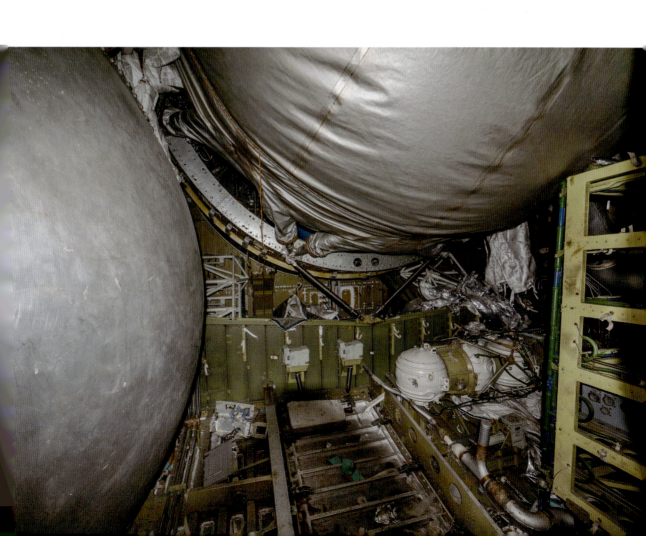

Inside the airlock.
エアロックの内部。船外へ出る際、クルーはこのエアロックを通して真空の外空間へアクセスする

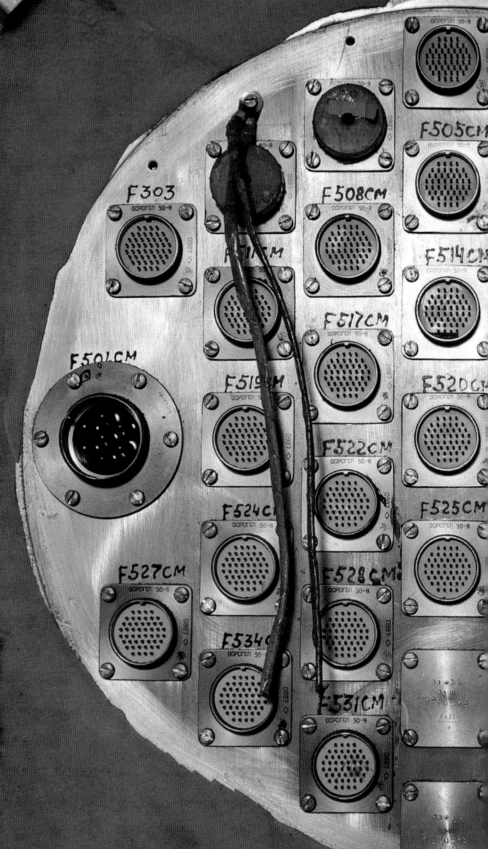

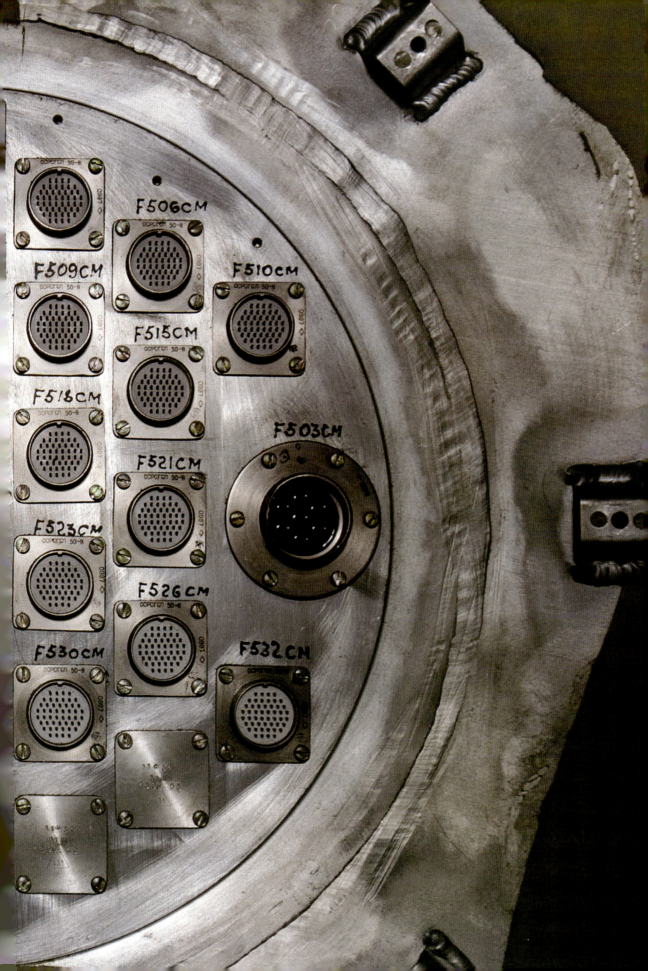

米ソ冷戦のさなかに1度だけ宇宙を飛び
1991年ソビエト連邦崩壊で幻に…
ソ連版スペースシャトル計画の全容
文＝みずもと

真横からのプラン。左下に伸びるパイプは、緊急事態の際に作業員とクルーが退避するためのスライダー

発射台に据え付けられたブラン。地面にYの字型の溝があるが、これは元々N-1ロケットの排気抜けとして掘られたもの

米国のスペースシャトル飛行が2011年に終了し、その存在すら過去のものとなりつつある今、かつてソ連も同様の宇宙機を飛ばしたことがあるというのはもはや伝説の域だ。一度きりではあったが、確かに宇宙を飛んだのである。

米国はアポロ計画に続く宇宙開発プランとして、「再使用型往復宇宙船（Reusable launch vehicle; RLV）」いわゆるスペースシャトルを選択した。それは科学や防衛、民需全てに適い、再利用により低コストが実現できるというのが主たる理由であり、1972年1月、ニクソン大統領は計画にゴーサインを出した。

一方、ソ連が当初、この米国の計画にほとんど関心を示さなかったことは興味深い。当時、有人宇宙船「ソユーズ」、宇宙ステーション「サリュート」、そしてソ連版アポロともいえる有人月探査「N-1」計画などが走っており、改めてシャトルを必要ともしない上、振り分ける資金的、人的リソースもなかったからである。また、行政上の縦割り問題もあった。宇宙開発を担当する現場設計局は一般工業機械省の傘下に、航空機関連のそれは航空工業省の傘下にあった。シャトルには宇宙船と航空機の両方の技術を必要とするが、互いに干渉したくないというのが本音であった。

しかし東西冷戦の最中、シャトルシステムへ踏み出すべきではないかという雰囲気が出始め、導入に前向きな機運が高まっていったという。実のところ1972年から74年に実施された集中検討の際、シャトル型の往復宇宙機はコスト的にまったく合わないという結論に達していたものの、それらはいずれ克服されるだろうという楽観見込みが大勢を占めたとされる（米国はシャトル運用開始後すぐにこのコスト問題に直面、結局最後まで苦しむことになった）。しかも、米国の究極の目標に大型レーザー兵器の宇宙空間配備があるのではないかという結論を引き出してしまい、これがソ連版シャトル計画を後押ししたとも言われている。レーガン大統領が83年にSDI構想（戦略防衛構想）を打ち出し兵器開発を強力に開始したことは、火に油を注いだに違いない。

ソ連版シャトルは一見するとほとんど同じものに見えるが、無理もない。当時のソ連は独自開発を主張していたが、実は米のシャトルを徹底的に研究していたことが後に判明している。だが技術環境やロケットに対する構想、資金がまるで異なるソ連が作り上げたシャトルには、かなりの相違点が存在する。中でも最大の違いは、尾部に推進用の大型エンジンを持たないことだ（代わりに地上帰還に必要な小型の逆噴射エンジンのみがついている）。米国のシャトルは推進メインエンジンを3基搭載した「ロケットそのもの」で、腹にその燃料

タンクを抱えて離陸する格好を採用している。地球周回軌道へ投入の際、その巨大タンクを切り離し、慣性周回飛行へ移行する。一方ソ連の場合は、打ち上げロケットに背負わせて打ち上げ、周回軌道へと投入する。つまりシャトルは「貨物」であり、その打ち上げ用の巨大ロケットを別に用意したのであった。

後に「エネルギア」という名称で知られることになるその打ち上げロケットには、ソ連の最新技術がつぎ込まれていた。本体（コアステージ）には液体水素と液体酸素を燃料とするエンジン「RD-0120」が4基搭載され、その両脇には補助ロケットが計4本装着されている。この補助ロケットエンジン「RD-170」の推力は、米アポロ・サターンロケット初段エンジン「F-1」のそれを上回る史上最大を誇り、また、RD-0120は米シャトルのメインエンジンよりも構造が単純で低コスト化が図られていた。地球周回・低軌道へ投入できる貨物の最大重量は100トン、静止軌道へは20トンの能力を有し、これも史上最大であった。当然、シャトル以外の巨大貨物も飛ばすことができ、これを利用したレーザー兵器の配備も熱心に検討されていたという。このようにシャトルとロケットを切り離して考えることで派生型ロケットの開発も容易になり、エネルギアを小型化した「エネルギアM」（本書で登場）ロケットもテスト機が実際に製作されたが、実現化するチャンスはついになかった。

米国のシャトル「ディスカバリー」（下の写真）と比べると、翼にソ連国旗とCCCPの文字が描かれている以外はぱっと見、区別がつかない程似ている。発射施設の一部に錆や汚れ、ブランにも見えるシミのようなものや一部未塗装（？）は、いろいろな意味で限界が来ていたことを示唆している

一方、「ブラン」という名で世界に披露されることになったソ連版シャトルの外観は、先述の通り、米国シャトルとそっくりである。全長約36メートル、全幅24メートル、重量75トンで、このサイズも米シャトルに極めて近い。底部にはこれまた米シャトルと同様、黒い耐熱タイルがびっしりと貼られており、周回軌道から地上へ帰還する際に生じる高温から機体を守る。この耐熱タイルの開発は難度が極めて高く、それゆえその成功がシャトル実現のカギを握っており、米国は機密事項としていた。ソ連技術陣は、1981年と82年の米シャトルの飛行で公開された映像やデータなどからその特徴を推測することで、開発コストと時間を大幅に削減した上で成功させたとされる。大気圏突入時の温度分布などを推測し流用するわけだから、必然的に機体のサイズや形状はほぼ同

じものになってくる。ブラン公開時に行われた記者会見の席上、西側メディアは米シャトルとそっくりであることを指摘したのだが、返答に「合理的な計算を基にすれば、誰が設計しても同じ形になる」と返ってきたのは面白い。定員は4名であり、これは米シャトルの7名に比べると約半数である。ただ資料によっては10名と記すものもあり、後に拡張する構想があった可能性を示唆している。

このようにかなりの模倣が入ったが、開発現場は相当のエネルギーを注いだ。米国が試作機を2機作ったのに対し、ソ連は最低7機は作り、さまざまな試行錯誤と微調整を繰り返した。普通の航空機と同様、ジェットエンジンを搭載し、大気圏を自力飛行可能な仕様も検討するなど、米国以上にさまざまな発展性を見込んでいたようにも感じられる。

シャトルを建造するには巨大な組み立て施設や運搬装置などが必要となるが、それらは先述の「N-1」計画で使用されたものが流用された。巨大だったN-1ロケット用の設備が、そのまま利用できたからである。発射施設もN-1用の場所に新造された。

シャトルを飛ばす前に、エネルギアロケットのテスト飛行が87年5月15日に実施された。真っ黒に塗装された細長い円筒形の、重量80トンほどの衛星「ポリウス」が搭載され、離陸から軌道までの飛行はほぼ完璧であった。最終段階でポリウスの軌道投入には失敗したものの、エネルギアが想定通りに飛行したことで、シャトルの成功にかなりの確信を持ったとされる。ちなみにロケットの正式名称が「エネルギア」と決定したのはこの時だった。合わせて、ソ連政府はシャトル計画の存在を公式に認めたが、これはゴルバチョフ書記長の進める情報公開政策「グラスノスチ」の一環であった（一説には、米国を刺

激したくなかったゴルバチョフが、ポリウスの軌道投入を故意に失敗させるよう指示したとも伝えられているが、真偽は定かでない)。

　1988年11月15日、ブランが打ち上げられた。ブランは「吹雪」を意味する。積極的なグラスノスチの中、打ち上げの生中継も予定されていたが、直前になって、成功確認後に録画を配信するという方針に変更された。実現すればソ連宇宙開発史上初のライブ中継となるはずだったが、やはり離陸時の失敗を恐れたのであろう。

　全ては順調で、地球を2周した後、バイコヌール宇宙基地へと帰還した。滑走路へのタッチダウンは予定時刻に1分と違わず、停止位置も予定よりわずか15メートルしか違っていなかったという。しかもこの飛行は無人で実施された。「地上からの遠隔操作と自動操縦で達成された偉業」とソ連は誇ったが、実のところ内部はかなり未完成で、およそ人を乗せて安全に飛べるレベルにはなく、無人飛行せざるを得なかったのであった。初飛行成功後、コックピットなどの最終仕上げは行われず、そのまま整備棟に保管された。91年4月12日、輸送機ムーリアに背負われてバイコヌール上空をデモ飛行した。これはガガーリン飛行30周年を祝う催しの一環であったが、大衆の前に姿を現したのはこれが最後となった。この後はエネルギアロケットと結合させて、立った状態で保存展示しようという案などが出たが、実現することはなかった。

　ゴルバチョフを核とする政府中枢の、シャトル計画に対する支持は、初飛行の時点でほとんどなかった。ソ連経済は既に破綻しており、シャトルに出す資金がなかったからであったが、このことを開発現場も感じ取っており、飛行は二度とないものと悟っていたとされる。とどめを刺したのは91年8月のソ連クーデター事件とそれに続

試験飛行中のBTS-002テスト機。ブランは自力飛行できないが、これは後部にジェットエンジンを搭載し、自力飛行ができた

BTS-002と関係者一同。このテスト機は滑空試験等のデータ取得に最も貢献した。彼らの"最もよき日"はこの頃だったかもしれない

く政治的混乱で、宇宙開発そのものの行く末が不透明となった。ブランは整備棟の中に放置同然で保管された。本書で紹介しているシャトル2号機となる「プチーチュカ」(ロシアでは嵐を意味する「ブーリャ」で知られる)も建造がかなり進んでいたが、作業は止まり、放置が決定された。何より、職員や技術者の大幅削減が始まっていたのである。

ソ連シャトルのその後と現在

　ソ連崩壊後、関連する宇宙機の一部などは外貨獲得手段としてオークションにかけられ海外へ流出したり、観光客を呼ぶ目玉として利用されたりしたが、ほとんどは放置されたままであった。シャトル計画そのものは、1993年、エリツィンによる大統領令で終止符が打たれている。開発段階で最も活躍したテスト機「BTS-002」は世界中を渡り歩いた挙げ句、現在はドイツの博物館に展示されている。しかし、整備棟で眠っていたブランは2002年5月12日、その天井が突然崩壊し、めちゃめちゃに押し潰されてしまった。老朽化によるひどい雨漏りを改修するため屋根の上に置かれていた大量の資材と、例年にない雨続きで溜まった水の重量が、屋根を崩落させたと言われている。

　屋根が抜けた整備棟は現在もそのまま放置され、もちろんブランもエネルギアロケットも、その姿はない。本書で紹介されるプチーチュカやOK-MT、エネルギアMロケットはそれぞれ、整備棟の中に静かに佇み、ロシア宇宙開発の技術を伝える貴重な資料となっている。

　ごくたまにだが、エネルギアロケットと同水準の大型ロケット再建を示唆する構想がロシアから出てくるのは興味深い。その輸送能力の高さ故、ロシアはこの大型ロケットを諦めてはいないのだろうという説もあるのだが、資金面や技術など、実現は極めて困難と考えるのが妥当であろう。

ロシア連邦宇宙局が管理するバイコヌール宇宙基地は、カザフスタン共和国のチュラタムにある。約5,000平方kmの敷地（日本では福岡県や千葉県に相当）内に9か所の発射点を有する。❶ブラン2号機とテスト機OK-MTが格納された整備棟。❷エネルギアMの整備棟。❸ブラン1号機などがあった場所。❹2015年7月、宇宙飛行士の油井亀美也さんが搭乗したソユーズTMA-17Mの打ち上げ場所（画像データはGoogle Earthプロによる）

ソ連・ロシアの宇宙開発史

作成 = 福間晴耕

年	ソ連・ロシアの宇宙開発の出来事	一般の出来事（主にアメリカの宇宙開発）
1942年10月03日		ドイツA-4(V2ミサイル)発射成功
1945年06月02日		フォン・ブラウンらドイツの主要ロケット技術者がアメリカに亡命
1945年08月15日		第2次大戦終結
1946年10月	ドイツ人ロケット技術者をソ連に連行	
1950年	ドイツ人技術者の帰国開始(53年に終了)	
1957年08月21日	世界初の大陸間弾道ミサイルR-7発射成功(図版:1)	
1957年10月04日	世界初の人工衛星スプートニク1号打ち上げ(図版:2)	
1957年11月03日	最初の生き物(犬)を載せた衛星スプートニク2号打ち上げ(図版:3)	
1958年01月31日		アメリカ発の人工衛星エクスプローラー1号
1958年10月01日		NASA発足
1959年01月02日	世界初の人工惑星(ルナ1号)(月探査自体は失敗)	
1959年08月07日		人工惑星から初の地球撮影(エクスプローラー6号)
1959年09月13日	ルナ2号月面に到達	
1959年10月04日	ルナ3号が地球からは見えない月の裏側の撮影に成功	
1960年08月19日	スプートニク5号が植物や犬などの動物を乗せ初めて軌道から生還する	
1961年02月19日	最初の金星探査機ベネラ1号を打ち上げ(失敗)	
1961年04月19日	ユーリー・ガガーリンによる世界初の有人宇宙飛行(ボストーク1号)(図版:4)	
1961年05月05日		アラン・シェパードによるアメリカ初の有人宇宙飛行(弾道飛行)(フリーダム7)
1962年02月20		ジョン・グレンによるアメリカ初の軌道飛行(フレンドシップ7)
1962年12月14日		マリナー2号による金星探査
1963年06月16日	ワレンチナ・テレシコワによる世界初の女性宇宙飛行(ボストーク6号)	
1964年02月02日		レインジャー6号がアメリカの探査機として初めて月に到達
1965年03月18日	アレクセイ・レオノーフによる世界初の宇宙遊泳(ボスホート2号)	
1965年07月14日		マリナー4号による火星探査
1966年01月14日	ソ連の宇宙開発を牽引していた指導的な技術者セルゲイ・コロリョフ死去	
1966年02月03日	ルナ9号月面軟着陸	
1966年03月01日	ベネラ3号金星に到達	
1966年03月16日		ジェミニ8号による初のランデブーとドッキング。船長：ニール・アームストロングパイロット：デヴィッド・スコット
1966年04月03日	ルナ10号が初めて月周軌道に到達し月の衛星になる	
1966年06月02日		サーベイヤー1号が月への軟着陸成功。月面上から初めて写真を撮影
1967年01月27日		アポロ1号火災事故。発射台上で訓練中に宇宙船船内で火災により3人が死亡
1967年04月23日	ソユーズ1号墜落事故。地球に帰還中にパラシュートが開かず地上に激突。ウラジミール・コマロフが死亡。宇宙飛行の最初の死亡事故	
1967年11月09日		有人月探査用の巨大ロケットであるサターンVロケットの最初の打ち上げ(無人)成功
1968年9月15日	有人月探査のテスト機でもある無人月探査機ゾンド5号が月周回軌道を周り地球に帰還	
1968年12月21日		アポロ8号が人間(3名)を載せて月周回軌道を周り地球に帰還
1969年01月15日	ソユーズ5号が前日に打ち上げられたソユーズ4号とドッキング。初めての有人宇宙船同士のドッキング。ソユーズ4号が1名、5号が3名	
1969年02月21日	有人月探査用巨大ロケットN-1打ち上げ(無人)試験失敗	
1969年07月03日	有人月探査用巨大ロケットN-1打ち上げ(無人)試験失敗	
1969年07月21日		アポロ11号が人類初の月面着陸。船長：ニール・アルデン・アームストロング、司令船操縦士：マイケル・コリンズ、月着陸船操縦士：エドウィン・E・オルドリンJr.
1970年02月11日		日本初の人工衛星おおすみ打ち上げに成功
1970年04月13日		アポロ13号が月へ向かう途中の軌道上で事故、一時深刻な事態になるもののパイロット3人は無事帰還

(図版:1)

(図版:2)

(図版:3)

(図版:4)

(図版:5)

日付	出来事(ソ連/ロシア側)	出来事(米国側など)
1970年09月24日	ルナ16号が初めて無人で月表面のサンプルを採取し地球に帰還	
1970年11月23日	初の無人月面探査機ルノホートが月面表面の観測を開始。その後11か月に渡って観測を続ける(図版:5)	
1970年12月15日	ベネラ7号金星への軟着陸に成功、観測データを地球に送信	
1971年04月23日	世界初の宇宙ステーションであるサリュート1号打ち上げ成功	
1971年06月06日	ソユーズ11号がサリュート1号から帰還する途中に気密が破れパイロット3名が死亡	
1971年11月04日		マリナー9号が火星の周回軌道にのり火星の人工衛星になる
1971年11月27日	マルス2号火星に到達。ただし着陸機はパラシュートが開かずそのまま地表に衝突	
1971年12月02日	マルス3号人類初の火星軟着陸に成功。しかし砂嵐の中に着陸したため通信はすぐに途絶した	
1973年05月25日		スカイラブ2号がソ連に続き宇宙ステーションとして打ち上げに成功
1973年12月03日		パイオニア10号初の木星近傍通過
1974年02月05日		マリナー10号金星近傍通過
1974年03月29日		マリナー10号水星近傍通過
1975年07月15日	アポロ・ソユーズプロジェクト(米ソによる初めての国際共同プロジェクト)。両国の宇宙船が軌道上でドッキングした。(図版:6)	
1975年10月22日	ベネラ9号金星地表からの写真撮影に成功	
1976年07月20日		バイキング1号火星表面からの写真撮影と土壌の採取分析に成功
1978年03月02日	ウラジミル・レメック(チェコスロバキア)がソユーズ23号で初めてソ連・アメリカ人以外の人間として宇宙に行く	
1979年03月05日		ボイジャー1号が木星近傍通過
1979年09月01日		パイオニア11号が初の土星近傍通過
1980年11月12日		ボイジャー1号土星近傍通過
1981年04月12日		再利用可能な宇宙船スペースシャトル STS-1(コロンビア)号が初の有人宇宙飛行(図版:7)
1982年03月01日	ベネラ13号金星表面の土壌採取分析に成功	ボイジャー2号が初の天王星近傍通過
1984年06月05日	再利用可能な宇宙船ブランのテスト用の無人機BOR-5の最初の打ち上げ試験	
1986年01月24日		
1986年01月28日		スペースシャトル チャレンジャー号爆発事故 射ち上げから73秒後に分解し、7名の乗組員が死亡
1986年02月19日	宇宙ステーション ミール打ち上げ成功	
1987年05月15日	ブラン打ち上げにも使用する巨大ロケット エネルギアの最初の打ち上げ。打ち上げは成功するもののペイロードの軌道投入には失敗(特殊な軍事衛星だったが、ゴルバチョフ書記長の打ち上げ直前の命令で軌道投入されなかったという説もある)	
1988年11月15日	再利用可能な宇宙船ブランの最初で最後の飛行試験が無人で行われ、206分間にわたり無人で地球軌道を周回した後に地球に帰還(図版:8)	
1989年08月25日		ボイジャー2号が初の海王星近傍通過
1990年12月02日	秋山豊寛による日本人初の宇宙飛行(ソユーズTM-11)	
1991年04月12日	ガガーリン飛行30周年を祝う催しで、ブランが輸送機ムーリアに背負われてバイコヌール上空をデモ飛行を行う	
1991年12月25日	ソビエト連邦崩壊	
1992年09月12日		毛利衛による日本人として2人目の宇宙飛行(スペースシャトル エンデバー号)
1994年07月04日		向井千秋による日本人女性初の宇宙飛行(スペースシャトル コロンビア号)
1998年12月04日	国際宇宙ステーション(ISS)組立開始(図版:9)	
2001年04月28日	デニス・チトーによる世界初の宇宙旅行(ソユーズTM-32)	
2002年05月12日	バイコヌールにある整備棟の天井崩落 ブランとエネルギアも圧壊	
2003年02月01日		スペースシャトル コロンビア号空中分解事故。大気圏に再突入する際、テキサス州とルイジアナ州の上空で空中分解し、7名の宇宙飛行士が犠牲になった
2003年10月15日		中国が自力で世界で3番目に人間を宇宙に送る(神舟5号、パイロットは楊利偉)
2004年06月21日		スペースシップワンによる世界初の民間宇宙飛行(弾道飛行)
2011年07月08日	スペースシャトルの引退により、ロシアのソユーズ宇宙船が国際宇宙ステーションへ人員輸送できる唯一の宇宙船になる(図版:10)	スペースシャトル計画終了。アトランティスのSTS-135をもって、30年あまりに及んだスペースシャトル計画は終了した

(図版:6)

(図版:7)

(図版:8)

(図版:9)

(図版:10)

ЭНЕРГИЯ-М

Energy-M

"Energy-M" was develop as a possible replacement of "Proton" launch veihice. It surpassing it in half on the output into orbit payload mass. The project value is reached 35 tons into orbit and to 6.5 tonnes into geostationary orbit. At the orbit of the Moon could send 12 tons of cargo.

エネルギア M は既に使用されていた大型ロケット「プロトン」の後継機候補として構想・開発されたものでもあった。地球周回低軌道へ 35 トン、静止軌道へ 6.5 トン、さらには月へ 12 トンの衛星打ち上げ能力を有する設計となっていた

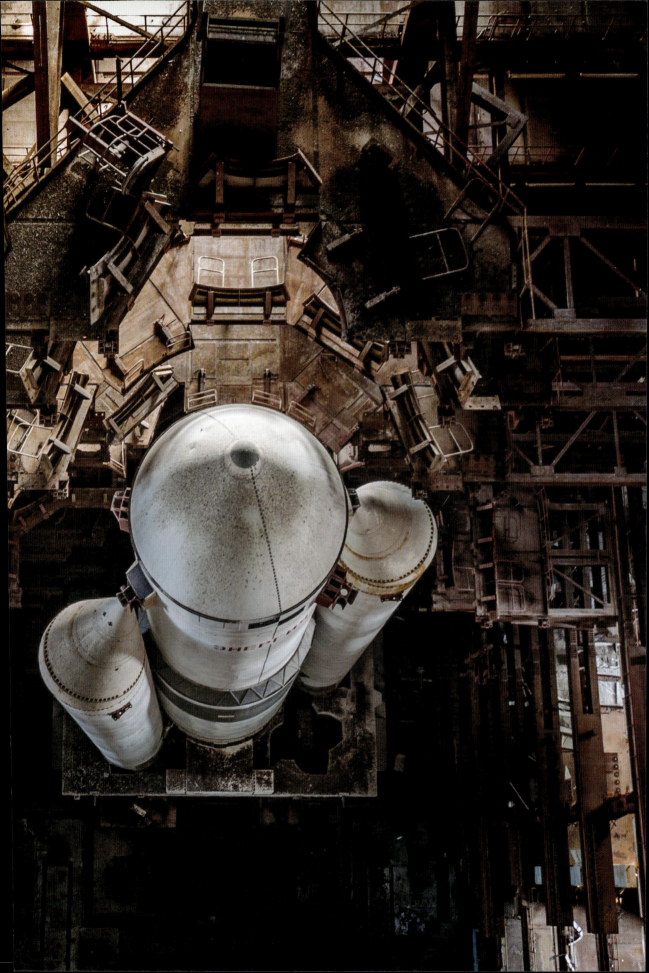

Height of space rocket with nosecone is 50.5 meters with a diameter of 7.7 meters. The central unit of the "Energy-M" consists of afuel tank and is divided into four sections - the transition, intertank, tail and engine. The top of them the transition - it is attached to the nosecone. In the inter-tank section compartment located equipment control and telemetry.

先端のノーズコーンを含めたロケット高は 50.5 メートル、直径は 7.7 メートル。機体は上から「トランジション」、「インタータンク」、「テイル」および「エンジン」の 4 つのセクションに分けられ、テイルに燃料タンクを込めた構造となっている。トランジションは衛星を含む上段の部分で、インタータンクに誘導やテレメトリーなどの制御装置が搭載されてい

As a launch pad "Energy-M" to use existing complex provides launches of "Energy".
It was not built any existing "Energy-M", a full-size mock.

エネルギアMの発射台としては、すでに存在するエネルギアのものを利用する予定であった

"Energy" launch vehicle designed exclusively for launch orbiter "Buran".
To start the other spacecraft, including satellites required a more small and more cheaper rocket.

「エネルギア」ロケットは専ら、ブランを打ち上げるために設計されたものであった。より小型の衛星などを打ち上げるには、もっと小型で低コストのロケットが必要であり、その目的でエネルギアを縮小したものが「エネルギア M」である

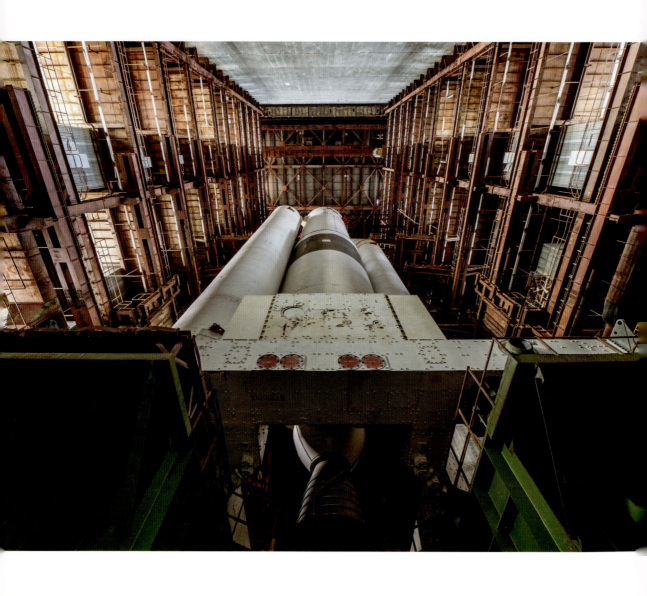

Rocket mounted on the "Я" module (gray color) - a universal mounting plate designed for the whole family Energy other launch vehicles. For the purposes of testing, "Я" module mounted on the technological platform (green color) through the vibration exciters.

灰色の「ヤー」（Я）と呼ばれる搬送モジュールの上に据え付けられたロケット。このヤー・搬送モジュールは汎用型で、他のエネルギアロケットシリーズにも対応できる設計となっている。ここでは緑色の技術試験プラットフォームの上に載せられ、振動試験が実施された

As the main engine uses one RD-0120 that runs on liquid hydrogen and liquid oxygen.

メインエンジンには RD-0120 が 1 基使用され、液体水素と液体酸素で駆動する

In the middle of the 90s the developer of "Energy-M" has lost the state competition for the creation of a new heavy launch vehicle, giving advantages another corporation with its launch vehicle "Angara". Currently, Russia is completing the construction of a newfar east locating cosmodrome for launches of the "Angara" launch vehicles family.

しかし90年代中盤、先述の後継機候補の選定段階で、エネルギアMはもうひとつの候補「アンガラ」ロケットに敗れ、ここにエネルギアMは完全に途絶えてしまった。現在ロシアはアンガラロケットの開発を終え、極東に現在建設中の新宇宙基地をその母港に、運用を始める方向である

ИЗДЕЛИЕ 1.02 "БУРЯ"

Buran 1.02

Storm delivered to Baikonur cosmodrome 23 March 1988. It had to take a flight at autumn of 1991 in the automatic mode with a connection the "Mir" space orbital station. After visiting the space station crew was return to the land in automatically mode. At the time of the stoppage of work, the willingness to "Storm" reached a 95 percents.

ブラン2号機はバイコヌール宇宙基地へ1988年3月23日に搬入された。ブランには1991年秋、自動操縦モードで打ち上げ、宇宙ステーション「ミール」へドッキングする計画があった。この計画は、ミールに滞在していたクルーがブランに乗り移り、引き続き自動操縦で地上へ帰還するというもの。作業停止が命じられたとき、工程の95％が完了していたという

Around shuttles are exists yellow color technological platform for access to the cockpit and the engine. The platforms can move the rails back and forth.

黄色で塗装された構造物は、コックピットやエンジンにアクセスするための作業プラットフォーム。前後に自在に動く

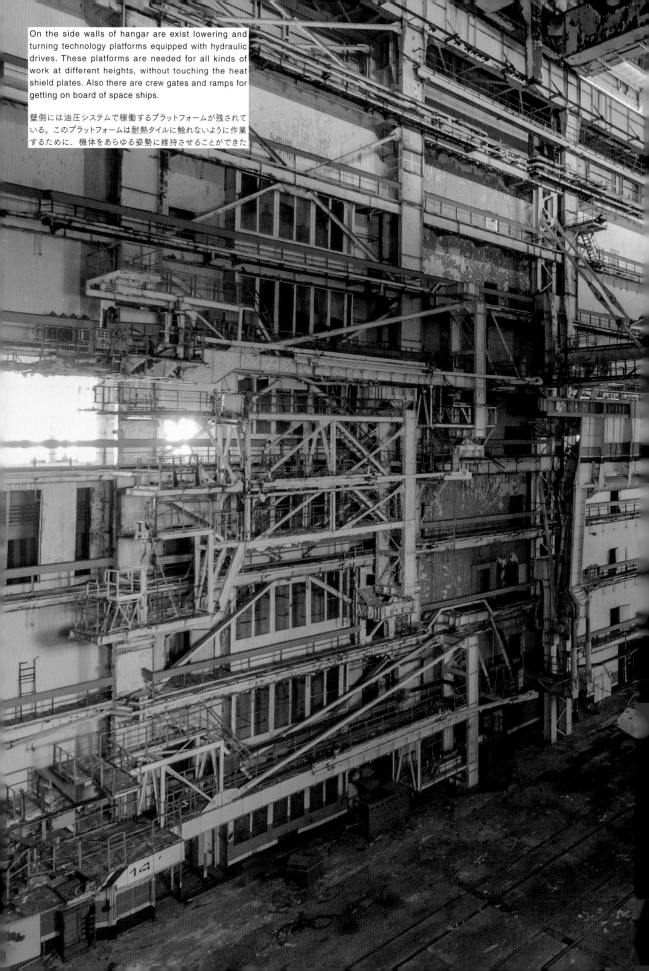

On the side walls of hangar are exist lowering and turning technology platforms equipped with hydraulic drives. These platforms are needed for all kinds of work at different heights, without touching the heat shield plates. Also there are crew gates and ramps for getting on board of space ships.

壁側には油圧システムで稼働するプラットフォームが残されている。このプラットフォームは耐熱タイルに触れないように作業するために、機体をあらゆる姿勢に維持させることができた

In this hangar Buran kept to roof collapse. In front of the huge transport units. Designed for the Soviet lunar program, they were transported and Buran and launch vehicle Energy to the launch pad.

この格納庫にブラン1号機が保管されていたが、天井の崩壊で崩れてしまった。格納庫の手前には運搬装置が2台残されている。これはもともと、N-1計画で使用された巨大ロケットを発射台まで運搬する装置であったが、エネルギア・ブランを運搬するためにそのまま流用された

著者略歴

Ralph Mirebs　ラルフ・ミレーブズ

1978年生まれ。ノボシビルスク、ロシア在住。プログラミング教師。
連絡先：fedotinc@gmail.com　HP：http://ralphmirebs.livejournal.com（ロシア語）／Instagram ID：ralphmirebs（日本語と英語）

◎ソ連版スペースシャトル計画の全容・写真解説の英文和訳
みずもと　会社員。「ロシア宇宙開発史」（http://spacesite.biz/russia.story.top.htm）を運営。
◎ソ連・ロシアの宇宙開発史の年表作成
福間晴耕　フリーランスのCG及びテクニカルライター＆フォトグラファー＆Webデザイナー。ブログ：「RECORD」（http://fukuma.way-nifty.com/record/）

※写真の英文キャプションはネイティブのものではない点をご了承下さい。和文は意訳しています。

バイコヌール宇宙基地の廃墟

2015年12月15日発行

著者：Ralph Mirebsラルフ・ミレーブズ
協力：みずもと／福間晴耕　発行人：塩見正孝　編集人：関口 勇（ラジオライフ・ワンダーJAPAN編集部）
販売営業：小川仙丈／神浦絢子／中村 崇　デザイン：セキネシンイチ制作室
発行：株式会社三才ブックス　〒101-0041　東京都千代田区神田須田町2-6-5　OS'85ビル3F＆4F
TEL 03-3255-7995　FAX 03-5298-3520　振替 00130-2-58044　http://www.sansaibooks.co.jp/
印刷・製本　図書印刷株式会社　©Sansaibooks 2015、Ralph Mirebs

本書掲載の記事・写真等の無断転載はお断りします。ただし、本書の紹介・引用に際しては、その内容にかかわらず、カバー画像の転載は自由に行ってかまいません。
Printed in Japan　ISBN978-4-86199-833-1
万一、落丁・乱丁がありましたら、お手数ですが、小社販売部宛にお送りください。お取り替えいたします。